Hello, happy to see you here.
I'm BB, aka Bead Baby.

Practicing is the key to a better Abacus skill.

You can practice your abacus and mental math skills with all the exercise books we prepare for you.

2 Digits 567 Exercises

Go! Go! Go!

Text and pictures copyright © 2019 by Sheena Chin & Yonhao Fan

All rights reserved.

No parts of this book may be used, reproduced, scanned or transmitted in any form or by any means, electronic or mechanical, including photocopying or recording, without written permission from the publisher.

For information address PinGrow Media, contact@pingrow.com

ISBN-13: 978-1-949622-11-9

Visit www.pingrow.com

2 digits 5 numbers

1	2	3	4	5	6	7	8	9	10
39	17	66	91	27	90	31	41	29	39
42	29	80	86	54	81	44	79	56	26
12	76	-13	11	60	86	74	-35	97	95
40	-51	40	23	-14	-86	-79	-18	-19	-78
-26	66	28	31	71	91	-29	64	18	81

11	12	13	14	15	16	17	18	19	20
65	46	15	75	13	32	92	82	77	25
35	64	68	92	88	21	93	21	93	50
-47	-89	35	-88	33	-28	-67	-87	58	-19
67	75	-22	18	-69	42	30	19	87	21
-39	94	26	60	73	16	22	32	-21	33

21	22	23	24	25	26	27	28	29	30
44	13	13	59	21	29	37	88	76	79
33	43	33	82	25	33	17	37	22	48
89	-18	90	93	37	87	93	-58	98	-98
-59	38	-66	-19	-19	-54	-10	47	-69	87
87	92	23	-23	-23	-18	80	-32	31	28

2 digits 5 numbers

1	2	3	4	5	6	7	8	9	10
57	96	75	29	29	89	38	44	46	80
62	-15	29	72	83	91	75	-14	61	53
11	20	-59	98	97	56	35	83	35	-66
-66	-46	20	-87	-68	60	-15	-24	-56	33
36	30	14	-28	59	-37	57	66	34	28

11	12	13	14	15	16	17	18	19	20
29	85	27	72	69	78	46	98	25	96
79	69	62	87	37	-17	25	-13	39	53
-38	-93	26	-65	-44	53	89	37	-24	-78
45	-14	-29	34	26	-27	-56	-45	66	-15
28	68	-32	67	-22	44	43	27	13	22

21	22	23	24	25	26	27	28	29	30
97	93	31	21	43	79	28	73	60	57
-16	53	95	19	77	29	67	53	-11	45
-10	-67	-48	45	-36	-67	75	-47	-19	-38
29	29	-33	56	-13	48	-55	36	75	63
-24	-36	56	-25	64	-21	-14	96	96	76

2 digits 5 numbers

1	2	3	4	5	6	7	8	9	10
85	28	21	21	52	29	69	92	13	16
39	77	73	59	21	25	71	45	37	79
34	-69	-27	45	58	58	-88	-36	14	-19
27	62	19	16	-65	86	74	-11	93	-29
69	-35	28	95	-18	48	46	15	21	-17

11	12	13	14	15	16	17	18	19	20
17	15	15	49	15	87	32	28	47	68
79	72	99	86	38	26	81	73	98	41
97	64	-29	42	84	67	32	85	72	21
-89	-79	63	99	-92	-57	17	-96	-23	-58
68	-16	-18	88	16	83	42	63	77	-24

21	22	23	24	25	26	27	28	29	30
84	57	87	52	15	75	85	82	94	95
33	38	52	23	67	-18	59	38	57	33
-48	93	-76	37	77	49	-28	-57	-83	-58
33	84	63	-69	-95	-37	89	-45	-27	-26
-23	68	-17	46	44	57	-47	93	32	44

2 digits 5 numbers

1	2	3	4	5	6	7	8	9	10
41	67	12	44	27	74	85	65	55	38
78	76	77	57	54	39	-12	26	39	63
40	-84	-47	-38	-38	87	-48	-57	85	96
-97	46	15	-29	57	-16	63	81	-94	-87
-15	-38	-21	67	42	-46	37	-44	53	46

11	12	13	14	15	16	17	18	19	20
27	46	28	97	13	60	78	72	86	92
-17	53	42	96	92	77	41	63	32	93
13	-67	26	-84	-38	-58	28	-78	-79	-63
52	48	-37	-38	81	36	-59	90	45	-47
50	50	54	73	-46	-47	72	-29	59	18

21	22	23	24	25	26	27	28	29	30
26	22	54	97	77	43	94	31	88	95
35	39	40	71	73	38	58	69	15	67
-19	69	11	24	72	56	-67	-77	60	36
-24	-58	43	40	-10	-54	35	89	15	95
86	77	-26	94	-24	17	71	11	-18	39

2 digits 5 numbers

1	2	3	4	5	6	7	8	9	10
65	42	79	65	31	94	69	97	61	22
34	48	39	77	57	49	53	74	54	36
69	65	-83	15	-69	52	15	-38	-16	48
-56	-38	-17	-36	86	-29	-77	-58	-46	-55
-19	73	53	-45	-15	-35	74	85	58	61

11	12	13	14	15	16	17	18	19	20
98	87	51	82	76	83	69	86	71	68
45	63	79	78	59	33	79	-19	62	47
-75	-79	-15	-65	81	-76	-43	45	42	-13
51	-26	94	-25	62	48	-27	-17	-19	-24
89	44	-22	97	30	65	71	89	24	66

21	22	23	24	25	26	27	28	29	30
88	64	89	77	96	19	91	44	36	31
18	39	91	34	86	52	88	81	63	89
-28	-13	35	-46	-65	61	48	52	-14	-56
68	31	-46	77	-38	34	-96	-39	88	-40
-16	-27	-17	82	27	24	-26	-27	-23	82

2 digits 5 numbers

1	2	3	4	5	6	7	8	9	10
92	57	55	93	31	88	66	35	38	41
78	94	-15	24	56	11	51	49	66	34
-87	-89	62	77	61	76	63	-26	14	70
76	-37	69	-33	29	-38	-17	61	34	-21
-34	74	-26	-67	43	-16	-26	36	-90	47

11	12	13	14	15	16	17	18	19	20
35	44	78	33	38	46	59	93	62	86
57	38	65	54	65	66	95	87	55	15
77	92	56	45	16	-99	26	49	42	54
-44	-26	-28	-69	46	83	-33	-65	38	-34
-26	-18	-47	-17	82	-15	-22	-39	58	-21

21	22	23	24	25	26	27	28	29	30
75	85	99	77	85	34	52	89	75	77
82	56	42	39	66	71	48	41	67	32
46	49	-65	52	25	30	-16	-17	81	98
97	-15	24	-15	-42	-17	83	98	59	-44
50	-24	46	-46	-12	-35	-24	-57	77	-23

2 digits 5 numbers

1	2	3	4	5	6	7	8	9	10
59	36	47	57	97	23	14	42	86	39
25	96	58	66	45	78	84	84	57	49
87	48	42	37	32	65	23	45	33	83
60	-32	66	-42	-17	86	57	-76	-16	-12
52	-29	76	-19	-28	-19	-76	-38	-56	76

11	12	13	14	15	16	17	18	19	20
73	93	44	81	81	97	45	79	52	52
35	58	94	99	64	76	82	48	37	85
57	49	54	53	57	55	67	88	15	45
-27	-29	-67	33	-38	-26	-84	-69	43	-66
86	-36	39	14	-29	82	-76	-29	83	-18

21	22	23	24	25	26	27	28	29	30
84	93	65	73	56	85	56	81	69	66
17	30	33	19	79	74	29	26	18	78
78	47	59	43	33	67	78	11	-27	99
-22	74	-26	91	-35	-16	-44	94	56	-44
-45	31	83	42	-10	-68	90	69	90	-38

2 digits 5 numbers

1	2	3	4	5	6	7	8	9	10
75	58	95	68	76	43	75	87	33	43
48	33	82	63	51	79	47	92	97	33
93	47	44	83	17	86	38	49	84	95
11	-36	-59	-47	33	-22	85	-37	-17	59
69	-29	-64	-38	67	-15	90	-54	-24	-27

11	12	13	14	15	16	17	18	19	20
39	90	65	85	67	97	22	81	92	25
67	42	93	37	46	-18	68	38	18	30
59	-16	55	66	68	62	-12	57	38	92
-24	63	-29	-21	51	-27	37	-19	-67	96
-43	77	-13	-12	88	79	70	-22	-26	24

21	22	23	24	25	26	27	28	29	30
97	96	32	71	66	78	42	88	99	78
38	38	79	32	92	-11	86	99	56	21
-15	59	55	52	18	98	83	-24	86	33
76	-42	-48	98	-88	-26	-22	91	-46	42
-27	-56	-63	12	-39	82	-33	-19	-38	-67

2 digits 5 numbers

1	2	3	4	5	6	7	8	9	10
27	25	56	95	45	75	80	26	66	67
74	99	36	57	76	69	55	22	98	88
57	37	43	74	87	55	77	78	38	75
49	-43	88	-29	42	16	-68	91	-44	-55
22	-28	49	-24	67	98	-19	34	-28	-33

11	12	13	14	15	16	17	18	19	20
61	68	42	39	33	89	40	81	74	93
79	59	83	66	17	21	99	22	26	36
29	74	37	47	70	92	67	62	83	-19
85	-37	-26	95	-25	-59	45	-78	66	-35
16	-25	-54	43	-18	-34	25	-59	49	52

21	22	23	24	25	26	27	28	29	30
41	33	52	78	32	72	31	54	38	87
38	81	37	81	81	35	54	92	36	84
77	95	69	58	-14	88	38	39	73	74
-16	-42	-27	62	24	-25	41	-28	89	-69
-46	83	-19	-26	37	-67	73	44	65	-53

2 digits 5 numbers

1	2	3	4	5	6	7	8	9	10
91	74	83	66	57	85	58	67	46	61
-19	21	37	36	73	22	44	26	55	79
61	97	38	87	69	76	75	73	-22	65
53	63	61	95	98	-27	-65	82	-14	53
55	46	55	-29	82	-45	34	57	77	83

11	12	13	14	15	16	17	18	19	20
61	21	16	47	88	18	97	62	52	83
39	75	56	72	76	23	27	73	24	-19
-38	91	34	29	-17	76	55	-22	-17	77
-22	-36	23	-34	-45	-82	-13	-37	51	-11
47	87	-99	97	18	64	56	47	-27	-17

21	22	23	24	25	26	27	28	29	30
47	64	19	36	53	93	11	36	33	75
95	39	33	69	43	42	42	48	43	59
31	-14	83	-15	49	89	92	62	94	-18
-21	56	69	51	-67	-35	83	58	-59	87
-44	92	79	-23	28	-59	35	-99	-25	-23

2 digits 5 numbers

1	2	3	4	5	6	7	8	9	10
66	49	37	32	32	46	91	42	69	76
23	71	22	93	84	59	84	26	92	55
18	24	-19	-42	49	67	39	92	95	48
33	-52	46	-24	37	-34	-79	39	-29	-67
-86	-34	86	68	81	28	-26	22	44	94

11	12	13	14	15	16	17	18	19	20
19	75	71	51	21	56	95	11	91	73
77	59	39	36	37	85	63	81	77	67
89	-37	41	86	97	-26	38	78	37	42
98	-24	19	-45	-74	99	-56	-43	-55	-88
-14	65	28	-17	92	36	67	-26	-26	53

21	22	23	24	25	26	27	28	29	30
48	27	55	99	76	27	85	48	61	85
88	-11	19	53	66	90	95	77	47	-12
61	86	92	85	83	46	76	85	74	64
-49	-44	-38	-41	-22	32	-68	-19	68	43
-56	92	-44	36	-48	61	51	-69	-98	-86

2 digits 5 numbers

1	2	3	4	5	6	7	8	9	10
69	53	96	30	68	86	28	15	41	44
51	69	25	51	25	74	69	33	88	99
36	72	81	98	30	-56	-13	83	22	94
86	-47	-54	-64	-21	-46	77	43	-85	-89
-19	-28	95	-23	99	18	-20	-78	50	-75

11	12	13	14	15	16	17	18	19	20
98	57	80	63	65	43	46	92	24	77
45	48	-16	73	83	69	52	38	38	44
12	56	61	27	-39	-37	77	44	93	-37
75	29	21	-87	-23	-11	-86	-72	25	-23
-27	-28	32	62	76	89	-15	-23	-86	86

21	22	23	24	25	26	27	28	29	30
33	53	94	37	47	63	32	66	68	43
26	41	88	15	85	21	95	64	73	19
60	23	65	-13	71	41	-54	71	24	22
-18	-25	-97	26	90	83	17	48	-67	35
45	17	30	78	-18	-58	-27	83	81	61

2 digits 5 numbers

1	2	3	4	5	6	7	8	9	10
59	77	80	86	71	13	69	69	93	64
92	45	-23	65	-17	63	44	-18	57	45
67	69	54	-58	47	32	-83	98	71	-15
-27	83	-46	70	62	17	36	34	-29	30
48	-55	63	42	-83	82	-92	-24	76	55

11	12	13	14	15	16	17	18	19	20
71	51	98	67	83	33	72	95	69	23
39	-19	87	15	52	58	63	79	-18	93
98	81	29	-40	-22	85	29	-43	46	58
-22	-56	-76	75	-78	-16	-33	68	93	-65
-65	43	-17	91	95	-69	-19	-27	-24	31

21	22	23	24	25	26	27	28	29	30
25	91	51	34	35	79	95	74	66	57
52	19	80	68	91	52	16	80	57	23
-14	-27	-10	45	-32	96	79	77	43	-51
-22	61	-43	-55	-23	25	-47	-44	-15	43
32	-36	34	-22	59	12	29	-82	79	-11

2 digits 5 numbers

1	2	3	4	5	6	7	8	9	10
83	50	51	56	96	98	30	38	40	23
92	-16	18	45	63	28	54	11	12	50
38	36	81	16	-35	37	-16	51	36	73
60	85	17	95	-26	49	55	73	-26	14
-15	61	-97	-24	78	-58	-23	36	63	-37

11	12	13	14	15	16	17	18	19	20
23	37	72	92	18	75	30	91	33	58
17	-15	55	25	43	66	56	51	13	90
55	84	62	57	67	43	86	89	25	52
-32	35	-23	-67	42	-83	-12	-42	95	-27
90	73	-10	33	38	14	83	-66	-57	-18

21	22	23	24	25	26	27	28	29	30
11	74	73	91	46	29	32	77	55	60
91	12	28	57	59	98	93	55	98	-27
37	51	67	-14	72	79	43	-92	42	86
-19	65	-35	77	-15	38	-61	44	-39	65
25	-36	-19	24	-36	45	-10	18	86	-13

2 digits 5 numbers

1	2	3	4	5	6	7	8	9	10
86	63	97	96	18	64	64	93	79	28
21	77	83	-47	82	-16	-16	22	-13	69
81	21	34	34	-12	72	29	-46	32	53
34	88	-54	67	74	51	49	-17	68	24
-26	-58	-23	71	56	-29	31	72	26	-35

11	12	13	14	15	16	17	18	19	20
32	23	69	81	81	63	69	46	51	92
-17	27	-28	-29	-33	97	-40	25	12	-38
95	56	70	52	62	-67	86	53	78	10
22	-43	22	47	57	23	37	90	37	-23
87	98	44	66	-25	45	-14	58	-65	15

21	22	23	24	25	26	27	28	29	30
43	96	49	45	27	94	28	53	65	60
69	80	56	72	58	16	15	32	33	43
-56	77	99	59	80	48	48	37	18	26
28	-58	-63	-21	49	-24	63	-78	52	49
97	-44	84	39	-75	14	-53	22	29	-17

2 digits 5 numbers

1	2	3	4	5	6	7	8	9	10
22	75	68	56	71	94	28	78	98	24
78	68	-13	24	34	-36	55	-39	31	52
-19	33	14	-19	78	75	-11	55	-63	78
54	-29	55	-21	-46	-54	84	67	36	86
-26	58	20	84	82	66	33	29	-59	-15

11	12	13	14	15	16	17	18	19	20
26	75	87	50	40	42	55	60	13	72
35	25	22	-16	80	28	35	-44	69	41
12	-17	-17	37	-17	36	26	87	56	-12
84	86	62	55	98	-25	78	77	-75	92
59	42	36	41	-38	19	17	57	34	-27

21	22	23	24	25	26	27	28	29	30
23	12	36	55	85	15	83	35	42	86
63	33	87	63	38	32	-18	76	54	16
79	48	20	44	-76	43	77	-18	13	28
80	-24	92	-91	29	-56	64	62	27	46
43	62	-17	77	53	82	81	46	-68	-73

2 digits 6 numbers

1	2	3	4	5	6	7	8	9	10
71	51	97	89	93	23	74	90	85	73
-15	99	-29	69	88	-18	73	78	27	-27
86	15	88	-58	41	60	-18	-29	-23	86
73	24	-32	75	93	86	61	81	98	17
-24	-62	62	44	-98	-26	84	-37	73	99
91	74	-16	-22	52	17	-95	85	-56	-22

11	12	13	14	15	16	17	18	19	20
92	64	39	42	82	36	49	97	89	95
78	46	75	69	73	67	71	25	71	53
-18	-38	-47	34	65	46	40	54	85	-21
59	87	93	-78	-92	58	45	84	35	97
81	74	58	74	43	-21	-27	-67	-56	-29
93	-69	52	86	-37	24	22	96	77	46

21	22	23	24	25	26	27	28	29	30
72	96	77	98	43	78	67	92	72	92
82	32	36	22	63	66	62	29	48	73
44	96	91	52	67	29	86	-37	25	74
-78	73	28	61	-41	86	-55	17	-23	94
98	-52	-40	-96	63	-79	37	87	46	-86
-38	29	11	68	34	25	53	-25	54	73

2 digits 6 numbers

1	2	3	4	5	6	7	8	9	10
47	84	77	89	57	43	52	47	39	94
98	81	-48	62	-18	28	48	12	46	-45
78	66	71	-38	79	-51	42	81	-68	54
-43	-57	97	45	-23	49	-32	-38	89	98
83	33	-25	35	46	98	26	50	35	68
39	-25	46	22	86	32	38	84	76	-37

11	12	13	14	15	16	17	18	19	20
75	89	81	60	63	66	66	53	76	81
65	76	79	25	73	79	45	88	-38	11
93	73	46	38	-54	87	97	64	87	-47
81	-37	-34	92	47	51	36	73	18	72
-45	36	-37	-55	-20	-93	-58	-76	72	37
98	98	54	85	74	25	76	61	-58	-26

21	22	23	24	25	26	27	28	29	30
87	58	28	99	92	27	46	55	75	72
56	83	22	53	87	35	31	96	67	83
-47	95	89	49	96	72	71	71	59	59
32	-38	-12	71	-74	-16	57	-46	86	89
57	-97	98	74	29	76	-45	65	-58	-47
-43	47	-73	45	98	41	43	24	43	98

2 digits 6 numbers

1	2	3	4	5	6	7	8	9	10
67	69	97	61	63	34	64	25	57	95
43	76	-29	-18	24	68	61	85	89	53
96	62	86	33	44	16	-57	55	-76	86
-29	-89	-26	69	51	66	87	-28	34	-26
49	26	84	98	-76	79	82	-22	46	18
43	95	24	-37	37	62	43	16	-27	-41

11	12	13	14	15	16	17	18	19	20
35	99	63	43	79	11	82	13	51	96
76	83	31	11	94	88	71	49	-34	87
68	86	85	97	-56	42	-47	-24	47	45
92	18	-14	98	65	-76	65	84	-29	-68
-21	-96	72	83	-26	14	95	-50	97	55
-29	76	17	-38	64	72	-80	44	35	31

21	22	23	24	25	26	27	28	29	30
55	97	98	46	22	84	34	55	93	87
47	23	-69	59	82	61	75	98	29	97
38	-25	37	24	-21	79	45	19	82	86
23	57	88	-34	-35	37	60	62	-21	55
-27	35	18	80	46	-85	-43	-99	-16	-69
59	21	62	63	76	32	-11	31	91	-26

2 digits 6 numbers

1	2	3	4	5	6	7	8	9	10
69	95	40	24	58	44	77	22	54	86
15	87	36	90	96	67	48	73	68	78
22	32	-33	73	-89	23	93	30	84	28
67	12	90	-23	30	-36	-89	-26	75	-27
-64	83	-85	59	82	42	21	40	-24	97
85	-52	39	38	48	-25	19	39	45	67

11	12	13	14	15	16	17	18	19	20
98	65	50	31	29	36	61	56	85	28
45	80	-22	-12	56	54	-52	88	48	44
-32	66	44	32	27	61	72	-26	-71	36
87	36	64	-23	92	-24	49	31	66	-51
-22	50	-19	82	-56	-27	79	56	-66	52
57	-25	56	28	43	73	-15	95	90	54

21	22	23	24	25	26	27	28	29	30
96	31	66	71	67	88	88	81	71	60
-28	32	29	-28	-31	62	-39	54	39	71
58	35	-35	66	93	-17	12	-23	51	-55
-42	61	84	89	63	28	-25	-16	-43	75
83	-89	-29	24	10	-23	84	72	65	-14
93	19	35	-56	43	22	99	42	-23	68

2 digits 6 numbers

1	2	3	4	5	6	7	8	9	10
79	36	99	52	25	73	93	29	81	93
59	89	86	-24	98	82	-56	99	-12	-62
88	-33	-35	82	90	34	12	40	89	22
21	79	-13	50	68	43	95	-74	36	38
-27	73	95	68	-49	56	80	65	-57	74
57	52	-28	43	69	-37	-24	55	95	97

11	12	13	14	15	16	17	18	19	20
96	81	25	64	30	13	94	15	45	68
18	29	-18	11	22	77	69	67	22	57
-35	87	64	75	68	42	47	-28	87	47
50	-53	53	-13	-20	-69	43	78	79	-31
-21	84	-10	-26	73	37	-68	-87	34	16
87	19	64	49	-11	49	-19	97	-64	50

21	22	23	24	25	26	27	28	29	30
71	71	63	59	69	17	96	81	88	62
-22	55	51	73	65	46	32	-54	38	27
39	-16	78	22	45	39	26	40	-50	47
-19	37	-64	93	-37	64	-34	-16	28	-39
73	-96	38	98	-46	-46	87	99	64	61
25	43	-12	50	94	40	-19	31	-17	94

2 digits 6 numbers

1	2	3	4	5	6	7	8	9	10
18	50	28	27	45	22	45	55	34	99
52	-41	98	14	89	99	99	97	-11	-23
-32	57	48	76	-27	-23	54	19	61	12
98	59	41	-55	68	70	-46	-67	50	67
64	88	39	78	45	35	26	89	-22	77
-17	-29	-19	39	-11	-13	92	-24	36	-38

11	12	13	14	15	16	17	18	19	20
85	98	67	65	16	14	68	42	98	66
72	33	56	37	76	53	29	-18	97	18
73	23	-38	-29	-17	44	49	85	-81	22
26	30	87	76	-22	-24	-34	94	77	-36
47	-65	46	44	54	35	76	97	15	29
83	14	76	22	94	-12	23	-66	-66	16

21	22	23	24	25	26	27	28	29	30
46	46	57	12	55	79	81	22	31	51
17	94	75	55	-17	54	53	28	53	34
33	11	79	87	36	76	83	37	16	-27
59	-15	45	-67	11	-17	-18	56	73	-36
-28	-22	-16	14	69	-45	11	-29	85	88
28	90	45	-61	-46	25	-72	82	-26	55

2 digits 6 numbers

1	2	3	4	5	6	7	8	9	10
36	21	19	68	93	45	75	82	66	94
81	83	67	61	64	-39	-55	-18	43	42
99	67	79	-36	90	42	37	45	98	63
29	41	24	65	91	45	65	41	56	-55
-12	-23	-32	-70	-69	83	14	-14	-11	50
47	-68	88	95	77	-55	-19	36	88	-12

11	12	13	14	15	16	17	18	19	20
48	39	99	31	99	82	66	56	37	54
54	14	75	46	66	-58	46	26	95	42
36	56	84	71	22	21	84	65	-91	-47
-14	-25	-61	39	97	24	-59	-25	34	-18
-17	98	-13	-25	40	93	41	-11	22	23
56	37	66	-18	-12	-88	-28	89	65	76

21	22	23	24	25	26	27	28	29	30
78	92	42	36	47	56	52	17	94	78
65	-13	-24	44	78	38	-23	39	30	14
-39	94	21	-13	85	-31	13	45	-43	-16
71	32	96	72	-58	48	26	17	-11	35
-13	82	59	-19	47	-36	-49	56	48	76
54	29	94	34	31	42	74	-77	61	74

2 digits 6 numbers

1	2	3	4	5	6	7	8	9	10
79	55	47	88	76	72	66	85	42	94
39	86	-17	17	98	-16	95	-12	88	77
-26	31	86	75	-77	36	-86	57	-15	-16
29	-67	-26	31	-20	97	37	50	76	20
45	-28	88	-56	31	21	77	78	44	-29
65	49	43	91	68	94	-38	-37	-97	76

11	12	13	14	15	16	17	18	19	20
80	95	91	96	78	71	25	25	85	13
41	-28	53	-18	32	53	46	91	-36	95
97	64	37	72	45	83	-69	-56	58	78
-39	58	-25	16	-68	-21	73	47	36	-42
63	63	94	41	74	-55	52	86	50	52
91	76	39	-30	43	47	92	77	-22	96

21	22	23	24	25	26	27	28	29	30
52	56	63	83	71	47	40	26	24	96
79	96	56	27	86	88	-16	73	71	31
-60	-26	43	29	13	81	27	99	11	18
92	33	36	77	-42	-70	64	-61	-54	67
58	-18	-27	-38	-21	61	23	52	85	-49
24	72	84	45	49	-19	59	56	12	68

2 digits 6 numbers

1	2	3	4	5	6	7	8	9	10
24	99	55	29	64	69	94	23	78	12
93	87	77	33	28	54	36	77	22	79
96	25	86	-24	57	84	43	79	59	-17
-58	57	-65	68	45	-75	94	-57	-64	29
84	-75	-23	76	36	53	-47	56	57	48
34	26	91	57	76	83	99	38	42	43

11	12	13	14	15	16	17	18	19	20
58	97	33	26	95	64	66	85	75	23
25	-38	-27	54	-37	54	97	-16	64	-12
82	43	92	82	77	62	71	38	47	36
-79	57	28	59	86	-24	-96	91	95	29
65	92	-34	-76	78	99	57	92	-66	39
55	83	78	53	57	45	26	84	29	62

21	22	23	24	25	26	27	28	29	30
34	96	18	11	98	70	56	61	39	32
59	81	45	83	55	-19	67	21	73	67
82	47	-38	42	67	21	-39	-16	-14	12
48	-27	96	84	-32	66	65	-23	-26	-38
-91	42	29	-24	83	39	16	79	55	43
70	41	-78	36	-19	88	-24	83	94	78

2 digits 6 numbers

1	2	3	4	5	6	7	8	9	10
93	38	15	58	62	73	15	98	36	47
37	-21	99	26	16	58	77	64	65	25
83	37	69	68	58	-64	37	88	81	-43
-76	53	-27	-35	-99	55	-29	46	-25	65
51	-65	71	87	26	47	46	-75	73	22
23	96	51	46	90	-25	98	28	69	54

11	12	13	14	15	16	17	18	19	20
88	23	32	44	87	83	68	28	48	18
98	32	38	28	73	99	24	45	36	29
-64	-16	58	-17	96	87	54	63	58	62
92	72	83	75	65	53	-72	36	-23	26
15	67	-21	24	-74	-28	23	83	17	-44
-37	97	48	-35	62	13	59	-92	90	17

21	22	23	24	25	26	27	28	29	30
41	52	14	78	81	87	63	59	98	52
-15	85	46	93	43	75	89	93	29	-35
37	33	56	33	32	84	-74	-44	-75	71
65	-38	57	88	56	63	56	89	54	-26
57	43	96	-44	76	-67	53	-12	79	68
98	-25	80	29	-84	54	28	70	90	48

2 digits 6 numbers

1	2	3	4	5	6	7	8	9	10
92	37	78	58	94	93	42	89	61	56
-28	77	56	17	56	43	41	44	58	67
31	-27	65	99	46	73	92	-37	74	-34
91	17	68	-39	-21	-67	98	28	-58	52
-16	93	-22	82	79	94	-33	-19	82	93
73	28	-35	67	64	86	55	39	13	-19

11	12	13	14	15	16	17	18	19	20
69	63	47	84	54	71	47	97	52	92
34	47	56	64	14	73	29	98	41	38
79	-24	57	43	-64	76	-82	28	73	-43
45	83	-39	-95	74	66	85	-57	-18	-13
76	56	43	60	77	-28	92	58	39	71
-36	97	-48	76	-37	58	84	31	-26	74

21	22	23	24	25	26	27	28	29	30
61	47	82	41	93	87	56	98	48	63
49	78	81	59	47	-38	69	17	-31	-27
-35	53	85	-32	74	16	96	-36	61	-16
24	71	90	-15	-78	47	-65	-22	96	71
69	-91	-69	42	43	74	14	45	18	56
44	54	21	84	90	84	-97	98	22	29

2 digits 6 numbers

1	2	3	4	5	6	7	8	9	10
53	38	59	63	56	16	57	34	48	19
81	-22	17	58	85	27	88	-16	77	68
-14	76	32	85	-21	35	38	32	57	-26
67	84	-27	89	24	29	-76	-24	59	82
-26	56	62	-49	57	79	36	53	-89	86
77	-17	46	43	11	-38	33	99	96	17

11	12	13	14	15	16	17	18	19	20
45	71	98	64	39	59	96	96	62	96
-15	49	56	36	35	51	26	44	57	19
25	38	82	-12	-22	28	27	27	68	14
33	62	55	18	24	41	-78	64	-74	-62
96	99	-74	65	86	39	80	79	91	78
99	-88	68	-21	36	-37	86	-95	-57	86

21	22	23	24	25	26	27	28	29	30
26	67	69	54	27	71	86	55	16	44
64	93	18	60	68	-42	66	96	82	13
-46	-43	92	-42	83	52	-22	-35	46	41
44	65	-24	99	-33	-28	-83	99	93	92
28	-14	-14	32	57	-12	54	-29	25	-67
-22	96	36	-15	-84	59	98	58	-34	30

2 digits 6 numbers

1	2	3	4	5	6	7	8	9	10
15	54	89	82	55	27	98	74	57	49
33	26	-19	-19	37	53	13	37	43	-21
-26	-21	98	22	92	87	-23	-23	25	18
53	13	77	86	83	34	94	11	-14	86
89	48	87	75	-42	32	12	45	69	-54
-36	52	80	90	74	-76	-78	32	-39	94

11	12	13	14	15	16	17	18	19	20
22	57	46	88	41	71	57	62	85	54
74	91	37	24	39	65	84	38	37	-29
67	79	-12	-33	77	69	61	39	54	19
76	-36	96	86	-65	-28	-22	-58	-26	95
15	44	78	99	57	85	40	30	68	70
-86	-28	-14	-94	35	-38	15	12	98	-27

21	22	23	24	25	26	27	28	29	30
71	90	69	69	99	54	96	97	61	75
75	-32	48	95	96	79	-32	23	98	86
89	81	-32	56	61	89	-13	95	-21	-29
84	94	70	-48	81	-93	21	-69	-42	33
94	-29	-26	97	-29	83	-23	20	77	81
-57	67	76	-19	-16	66	39	-33	45	14

2 digits 6 numbers

1	2	3	4	5	6	7	8	9	10
88	29	58	89	58	47	31	56	46	51
42	18	45	54	93	84	62	15	26	47
87	62	96	48	96	51	44	66	18	16
27	87	-36	-50	-13	85	-33	-29	-48	-34
38	-36	-27	49	46	53	25	35	83	36
-48	94	15	59	-78	87	50	59	31	94

11	12	13	14	15	16	17	18	19	20
49	91	64	94	79	94	44	51	81	90
31	17	-14	-26	52	-32	99	72	92	-21
61	67	-23	57	86	-14	61	84	67	33
38	-35	75	14	99	45	74	-89	-26	30
-63	46	67	-12	47	43	-86	13	-24	94
82	42	44	88	-39	72	57	27	64	-19

21	22	23	24	25	26	27	28	29	30
43	67	81	68	16	79	51	97	18	13
-19	52	74	44	45	21	-18	-14	54	46
-12	-49	56	35	88	80	75	84	45	29
72	94	-91	-24	-18	37	64	19	-25	68
57	87	84	17	87	57	94	77	62	-25
78	26	96	90	-21	81	84	-29	-19	90

2 digits 6 numbers

1	2	3	4	5	6	7	8	9	10
67	94	25	85	86	85	28	78	11	93
65	46	-22	-18	41	-22	53	93	54	84
45	-91	92	65	32	37	14	-45	-52	54
11	42	84	80	90	28	46	71	57	60
-34	38	22	-27	-72	74	-87	94	47	39
21	66	94	22	22	19	67	-88	65	-68

11	12	13	14	15	16	17	18	19	20
88	41	59	68	94	27	52	43	15	28
90	-38	-33	84	39	44	79	77	52	19
36	79	44	-46	-14	48	-62	-38	49	-29
74	57	78	14	10	-17	78	42	-81	83
-12	-17	-19	24	91	82	46	65	61	25
72	55	58	-29	-12	89	71	97	-17	26

21	22	23	24	25	26	27	28	29	30
33	50	97	91	82	69	36	55	12	97
27	62	29	-18	-13	12	91	35	89	55
35	49	34	-31	97	-30	-28	25	69	35
21	52	96	28	-20	97	41	-29	-54	-27
-43	63	-38	70	-22	-62	85	85	18	-24
-18	19	-56	38	55	94	-15	-26	99	74

2 digits 7 numbers

1	2	3	4	5	6	7	8	9	10
78	21	41	40	60	16	57	63	13	32
98	34	70	43	53	90	36	-18	42	70
21	56	59	-76	67	61	75	73	85	-63
34	-44	26	87	-78	70	-68	-44	91	48
-92	76	83	-12	91	-39	40	20	-76	-19
45	99	81	98	80	58	29	85	-30	52
-22	-28	-95	56	-43	-24	13	94	70	76

11	12	13	14	15	16	17	18	19	20
57	13	34	43	30	57	76	64	7	21
75	80	50	19	58	90	50	95	92	12
94	-41	58	24	-29	36	37	35	89	76
-58	70	-61	80	45	-43	-52	-89	-54	99
81	67	46	36	87	52	76	54	43	-39
64	43	-18	-98	70	48	-18	20	57	54
-21	-79	62	71	-61	73	37	63	68	74

21	22	23	24	25	26	27	28	29	30
50	68	52	98	98	20	65	70	19	56
14	90	23	-62	34	72	23	43	77	44
87	43	93	38	89	50	-67	-12	65	-87
43	26	-59	88	19	69	18	57	-87	27
29	-14	66	-66	24	78	90	97	57	79
-87	65	94	43	55	34	71	-58	61	-82
30	-97	69	23	87	13	-30	19	-40	33

2 digits 7 numbers

1	2	3	4	5	6	7	8	9	10
96	65	22	16	15	30	75	21	23	26
36	49	18	93	62	84	30	43	29	90
-43	27	63	-31	-47	87	-63	59	65	-65
84	-38	54	52	56	21	46	-19	92	83
41	72	-41	46	35	43	-18	78	-53	50
12	17	69	-84	-48	-88	49	23	31	-78
-15	60	25	50	33	90	27	64	34	17

11	12	13	14	15	16	17	18	19	20
30	48	86	78	85	43	43	90	9	65
83	55	44	64	99	24	48	37	89	73
67	79	37	19	76	50	31	65	73	-34
45	-28	98	-43	-89	14	12	13	-34	23
-19	68	19	89	54	99	-56	-58	-83	54
53	90	52	56	-31	-85	97	92	36	97
41	-87	36	38	21	56	32	16	31	-87

21	22	23	24	25	26	27	28	29	30
88	48	54	96	78	76	37	19	38	36
17	16	15	16	95	98	39	67	-29	56
38	54	-39	-71	-86	-56	81	34	71	-75
87	48	88	48	47	41	59	28	-42	43
-98	34	67	74	35	64	-79	-70	27	77
65	-76	75	-53	-23	43	29	81	74	25
39	25	-34	17	21	-20	65	21	-82	-60

2 digits 7 numbers

1	2	3	4	5	6	7	8	9	10
67	85	73	60	24	95	89	75	56	48
53	29	91	85	61	85	75	98	24	58
74	33	-66	21	72	-77	-68	-89	-31	-91
-86	56	37	-58	-83	67	44	65	53	66
49	-71	-43	39	79	-42	28	25	46	-34
23	84	86	43	56	23	-38	32	-52	48
-43	48	43	-21	-30	52	13	-77	29	27

11	12	13	14	15	16	17	18	19	20
52	92	85	29	30	69	71	31	73	87
44	48	43	15	86	78	-36	50	24	73
-29	-29	-73	98	-64	-53	54	44	-67	-97
38	36	69	-75	47	24	29	72	34	28
-27	71	17	25	17	39	48	-97	89	45
64	-58	24	36	35	-54	-32	18	-76	51
18	24	-32	-18	19	15	45	22	67	16

21	22	23	24	25	26	27	28	29	30
41	67	93	48	57	62	94	29	56	78
34	98	52	68	82	18	79	31	71	34
93	-87	-89	56	-96	-32	-59	40	-89	60
-87	15	43	27	46	97	60	67	43	-57
53	54	16	-97	51	-34	-43	-59	29	19
76	-43	-67	52	-72	78	38	85	34	91
14	26	32	-23	27	-27	16	28	-18	-24

2 digits 7 numbers

1	2	3	4	5	6	7	8	9	10
29	18	28	74	19	21	77	68	92	27
62	-16	42	37	57	35	86	97	19	77
13	54	-29	28	49	88	27	-28	-65	-86
-25	51	12	60	-86	-64	-93	12	26	98
51	15	51	-79	37	39	78	39	49	37
38	-26	91	25	35	51	-17	-43	-36	75
-48	43	19	49	74	-17	69	55	59	-60

11	12	13	14	15	16	17	18	19	20
82	38	70	63	85	88	54	83	55	79
42	31	48	99	72	64	39	42	46	86
-93	85	73	-87	-67	81	-25	69	32	-67
16	-18	-65	46	36	-58	43	-27	19	71
37	95	27	29	44	90	82	40	-27	24
57	57	-36	53	-18	74	56	58	69	-66
29	68	-17	-32	29	-46	48	75	-19	28

21	22	23	24	25	26	27	28	29	30
76	62	22	87	91	72	71	27	33	28
65	19	67	77	48	68	43	38	72	58
-39	24	98	30	59	45	-53	98	-17	-46
27	79	-55	-96	-48	22	36	-45	12	37
44	66	-23	66	99	18	28	54	52	19
97	-29	83	-35	32	-59	-32	-23	75	-26
85	47	94	26	-19	72	76	56	26	67

2 digits 7 numbers

1	2	3	4	5	6	7	8	9	10
95	76	33	14	30	51	86	11	21	36
78	67	29	59	15	89	85	79	65	39
-46	-54	83	72	57	-78	17	57	-13	11
89	45	-49	-28	18	46	-98	-35	52	-47
31	38	87	56	93	25	64	67	-16	24
-54	84	13	-45	-89	51	46	-18	22	19
27	-18	84	68	65	-37	69	85	92	59

11	12	13	14	15	16	17	18	19	20
18	65	12	36	75	76	25	95	44	24
23	35	24	26	16	15	73	66	76	71
39	-77	88	17	-43	79	-19	-98	17	88
76	12	-45	29	66	-28	39	29	-58	-67
-58	88	51	-46	14	58	66	76	39	56
42	62	-19	58	-38	-17	26	-59	95	92
69	-59	37	80	67	55	-41	15	67	-27

21	22	23	24	25	26	27	28	29	30
18	23	25	16	38	82	98	78	84	89
16	54	18	84	77	53	88	66	-16	92
27	73	-24	-18	-49	-24	46	23	61	-84
36	-88	81	32	21	64	-75	-48	99	59
57	55	19	56	65	35	24	58	21	39
-49	67	-33	-25	-29	48	38	18	-36	-21
65	73	87	42	89	-18	-19	-29	24	75

2 digits 7 numbers

1	2	3	4	5	6	7	8	9	10
72	93	44	66	77	99	85	47	92	22
88	84	23	95	55	55	48	56	88	48
19	38	37	-89	-46	27	17	89	54	66
-58	-77	-59	56	83	-89	-96	-77	-37	-39
27	46	91	37	54	58	70	28	69	27
49	69	68	-49	-62	-69	64	49	45	75
27	-27	-31	25	39	24	-28	99	79	-16

11	12	13	14	15	16	17	18	19	20
23	33	19	13	79	76	25	74	77	27
59	82	12	64	17	-34	89	56	56	33
96	29	98	49	99	18	18	78	18	46
-77	-67	-87	-57	-49	49	-27	-69	-37	-37
89	55	21	78	84	-14	45	25	99	97
39	29	61	95	-36	74	62	37	24	83
-16	99	-48	-26	51	86	37	-19	-44	21

21	22	23	24	25	26	27	28	29	30
47	32	66	71	59	95	57	33	18	63
57	98	16	64	42	58	76	47	56	24
68	41	46	38	16	19	67	55	65	17
-87	-68	88	76	-66	-79	-89	29	27	-28
45	81	98	-99	75	66	36	-97	-39	56
34	35	-57	54	-28	37	49	66	44	48
56	-26	26	26	96	43	-19	-11	88	88

2 digits 7 numbers

1	2	3	4	5	6	7	8	9	10
14	77	66	93	48	64	75	62	29	28
53	96	84	22	86	16	28	38	62	42
38	-48	69	77	58	88	88	56	13	-39
95	55	-47	-47	-65	-48	-46	35	-25	12
65	-18	56	19	73	76	55	-98	-18	51
-78	35	38	66	39	39	-18	45	56	91
22	68	29	-58	27	-22	37	-19	44	19

11	12	13	14	15	16	17	18	19	20
74	19	77	68	92	27	82	38	70	63
33	57	86	97	19	77	42	31	48	99
59	-49	27	-38	-68	86	-67	85	71	92
-68	37	-23	-21	62	-98	16	-18	65	-87
29	35	87	48	-49	38	-37	95	27	-25
44	74	-17	22	34	79	86	-56	-97	95
-25	-21	88	16	59	60	93	68	-26	18

21	22	23	24	25	26	27	28	29	30
85	88	54	83	55	79	76	62	22	87
48	64	34	45	45	36	45	11	67	74
-17	81	-45	69	40	-28	39	-28	91	30
66	-58	32	-23	17	47	-97	79	65	-95
44	90	82	40	-36	-21	-17	64	-23	64
-18	-74	-56	58	-23	66	93	-36	83	-22
-36	46	48	71	11	15	83	46	94	61

2 digits 7 numbers

1	2	3	4	5	6	7	8	9	10
91	72	71	27	33	28	95	28	76	33
47	66	68	38	72	58	72	55	67	25
59	-45	46	98	-47	46	14	63	-97	82
-48	26	53	-45	-12	-98	89	-36	23	-49
99	11	26	54	15	35	-37	-22	51	87
32	52	-73	-24	75	-12	-26	45	-53	-13
19	87	36	56	62	52	33	87	84	84

11	12	13	14	15	16	17	18	19	20
14	30	51	86	11	21	36	50	18	65
65	15	80	81	78	65	93	22	98	35
27	53	26	13	75	-13	41	46	36	71
38	-19	-75	-99	53	51	-67	-87	-79	-47
56	94	20	64	64	37	13	64	-35	88
-89	82	15	-46	-18	-22	52	26	62	62
68	63	38	96	72	80	26	-24	71	99

21	22	23	24	25	26	27	28	29	30
12	36	75	14	18	76	25	95	44	60
24	25	16	76	94	10	73	64	78	59
82	98	34	29	13	79	-19	-87	17	35
-36	-65	66	62	-76	-28	39	92	-53	-84
57	86	-89	-91	61	85	66	65	10	27
69	54	25	46	72	-46	62	58	95	81
95	80	76	57	54	55	-28	-15	-34	-19

2 digits 7 numbers

1	2	3	4	5	6	7	8	9	10
24	65	23	25	16	30	82	98	78	52
74	16	54	67	84	77	53	78	66	49
88	27	73	56	-18	46	26	84	23	-15
-18	-18	-38	-89	32	-97	81	-64	45	54
65	-47	68	36	50	60	-47	25	58	60
97	22	-46	28	-25	-28	35	37	-33	78
27	78	73	78	65	15	19	-17	-12	-80

11	12	13	14	15	16	17	18	19	20
84	89	72	93	69	44	66	77	99	14
16	91	89	84	76	56	95	58	56	99
61	84	96	-38	35	68	-89	-45	27	41
-99	69	-65	13	97	-34	56	83	-64	-87
21	-39	12	46	-87	19	37	53	58	65
34	-21	48	69	46	78	93	-26	-37	25
24	57	27	70	28	-28	-26	66	42	37

21	22	23	24	25	26	27	28	29	30
65	85	76	23	36	69	42	56	32	79
97	41	45	59	98	-12	28	65	57	71
38	16	66	95	80	92	97	-78	77	99
-74	-29	-33	-77	-76	-21	-46	35	85	-84
88	72	65	98	45	78	-33	72	-64	48
27	46	-27	39	67	36	57	95	52	35
55	90	89	-13	-29	84	62	87	-25	-15

2 digits 7 numbers

1	2	3	4	5	6	7	8	9	10
76	65	17	67	74	82	52	77	97	72
55	89	49	49	56	46	29	83	73	21
98	81	14	14	78	61	34	36	46	98
-87	-29	32	-38	-56	-38	-66	-26	-59	-86
41	54	7	59	41	27	85	90	66	38
74	33	74	74	38	97	-21	-45	86	53
-18	68	-9	-22	-29	62	36	57	-17	-42

11	12	13	14	15	16	17	18	19	20
62	47	32	69	66	71	59	43	95	39
48	56	95	74	38	64	42	24	58	49
27	87	41	61	14	47	61	37	26	-78
-55	-96	-68	-31	81	38	-83	-18	-87	52
97	43	81	86	49	-38	74	-21	68	87
36	-28	16	59	59	45	-28	95	71	-39
76	66	74	94	-20	25	96	69	-32	23

21	22	23	24	25	26	27	28	29	30
72	33	22	65	18	76	49	75	59	87
58	82	34	96	89	48	71	97	38	15
25	74	65	-56	-53	84	92	37	71	-38
-47	-68	-48	76	44	-68	-48	-59	-85	65
84	95	76	-43	-16	23	36	87	64	56
30	-57	-54	63	37	91	-53	62	71	-28
19	16	92	27	90	-33	66	-18	43	43

2 digits 7 numbers

1	2	3	4	5	6	7	8	9	10
72	36	95	91	15	24	34	38	93	24
83	75	26	18	77	48	57	48	77	53
-46	94	37	67	41	35	22	96	51	67
27	-81	-69	-76	-38	76	-41	-59	-27	44
58	46	52	45	48	-87	88	63	47	98
-39	25	43	-64	-25	94	-18	25	65	-18
93	-16	78	81	65	61	67	16	49	47

11	12	13	14	15	16	17	18	19	20
53	88	16	93	48	75	11	73	56	72
67	-12	36	62	14	64	87	40	27	56
35	56	69	94	97	85	-46	57	31	-84
95	21	-27	-38	35	-99	60	-83	-48	37
-87	-48	11	-25	-79	54	-12	36	76	98
45	36	59	76	83	60	92	63	-24	-69
64	-66	32	83	58	-18	98	-29	94	82

21	22	23	24	25	26	27	28	29	30
74	31	75	29	90	51	19	22	16	85
55	92	89	98	87	67	73	58	77	17
86	20	32	82	73	85	91	-14	62	-43
-48	-24	-48	-47	-43	-36	-85	42	-58	39
35	86	50	97	80	49	68	71	-23	89
-21	69	66	-59	69	28	-27	-39	81	-63
19	96	24	29	-32	77	39	95	60	37

2 digits 7 numbers

1	2	3	4	5	6	7	8	9	10
69	78	51	57	93	27	47	69	42	41
33	66	36	37	28	39	62	14	58	90
94	-18	-28	21	64	78	99	51	65	87
-87	82	97	39	-87	-11	-72	72	-29	-59
42	23	59	-18	-28	79	34	-64	36	-12
-24	-67	77	52	66	-38	-41	82	-48	64
58	19	-33	42	57	86	74	-39	77	33

11	12	13	14	15	16	17	18	19	20
66	38	66	91	56	44	42	17	75	39
81	66	89	67	67	54	76	31	81	48
75	79	36	-72	82	78	87	36	26	77
-98	-93	-49	32	-37	-68	-66	-19	70	-65
46	24	54	-48	49	32	59	72	97	48
13	88	27	83	97	73	91	48	-7	-29
-37	64	57	22	-25	83	37	43	79	52

21	22	23	24	25	26	27	28	29	30
69	98	61	17	79	23	73	31	86	99
23	67	88	47	21	21	46	75	94	57
99	-59	-11	99	53	59	-57	-69	-49	-76
-87	43	-52	-63	-44	-87	93	42	38	37
58	-39	43	76	87	91	48	56	-23	68
46	89	93	33	76	84	-14	48	51	-43
-32	27	27	56	-12	-63	26	27	73	29

2 digits 7 numbers

1	2	3	4	5	6	7	8	9	10
99	84	51	65	46	89	36	26	51	82
53	-18	43	78	69	44	62	57	22	85
85	99	-19	89	96	35	83	94	73	76
61	83	21	68	19	76	22	92	33	22
-22	85	85	28	-87	-64	76	-86	83	71
41	49	-11	47	36	15	26	21	45	-64
65	58	57	39	98	18	98	63	-79	66

11	12	13	14	15	16	17	18	19	20
65	75	56	75	91	77	77	63	37	11
19	47	13	46	89	21	21	38	66	89
38	84	29	-52	76	85	85	29	75	75
88	19	96	26	-44	-13	-36	54	15	-64
73	-86	-53	37	18	69	69	75	-64	42
-16	96	87	72	26	25	25	26	92	80
17	46	-24	85	23	96	96	-98	33	26

21	22	23	24	25	26	27	28	29	30
22	28	69	43	95	15	15	33	37	28
34	71	26	97	38	18	98	21	32	74
64	74	94	87	71	77	66	78	95	33
53	71	-22	20	59	34	57	92	59	61
27	23	47	89	-92	62	-21	71	15	82
-87	69	80	63	25	38	-17	95	-68	43
94	96	-25	-91	41	33	84	-32	91	-14

2 digits 7 numbers

1	2	3	4	5	6	7	8	9	10
33	28	95	28	76	33	99	37	51	86
72	58	72	34	67	25	87	56	89	81
58	46	44	63	38	82	75	87	75	13
-27	-36	89	34	-49	49	-69	64	-47	-92
56	97	-67	-22	98	-76	56	94	34	64
75	73	25	52	53	13	-27	-39	22	46
62	52	-33	91	84	84	68	63	56	96

11	12	13	14	15	16	17	18	19	20
33	66	36	65	76	26	44	99	23	96
78	56	93	35	36	77	78	47	84	84
75	37	58	71	79	-38	-37	58	68	-46
53	-46	-47	-66	-46	98	53	-37	38	57
64	62	97	88	85	69	46	75	55	23
-68	77	61	62	43	48	95	69	-97	77
72	94	26	99	55	-14	52	28	73	-39

21	22	23	24	25	26	27	28	29	30
87	78	84	89	72	93	66	99	65	85
59	66	-26	91	88	84	95	56	97	49
37	23	77	43	45	37	89	27	38	36
-66	45	99	-38	28	-26	56	-46	73	-29
58	58	-36	97	37	46	37	58	-88	76
47	49	45	-21	-89	69	-97	35	57	46
55	-37	24	57	27	61	25	42	55	93

Answer Key

2 digits 5 numbers p.2

1	2	3	4	5	6	7	8	9	10
107	137	201	242	198	262	41	131	181	163
11	12	13	14	15	16	17	18	19	20
81	190	122	157	138	83	170	67	294	110
21	22	23	24	25	26	27	28	29	30
194	168	93	192	41	77	217	82	158	144

2 digits 5 numbers p.3

1	2	3	4	5	6	7	8	9	10
100	85	79	84	200	259	190	155	120	128
11	12	13	14	15	16	17	18	19	20
143	115	54	195	66	131	147	104	119	78
21	22	23	24	25	26	27	28	29	30
76	72	101	116	135	68	101	211	201	203

2 digits 5 numbers p.4

1	2	3	4	5	6	7	8	9	10
47	67	36	101	142	138	125	71	138	156
11	12	13	14	15	16	17	18	19	20
99	130	113	144	102	68	160	118	143	93
21	22	23	24	25	26	27	28	29	30
104	149	122	326	188	100	191	123	160	332

2 digits 5 numbers p.5

1	2	3	4	5	6	7	8	9	10
254	63	114	236	48	246	172	105	178	30
11	12	13	14	15	16	17	18	19	20
172	56	130	364	61	206	204	153	271	48
21	22	23	24	25	26	27	28	29	30
79	340	109	89	108	126	158	111	73	88

2 digits 5 numbers p.6

1	2	3	4	5	6	7	8	9	10
93	190	71	76	90	131	134	160	111	112
11	12	13	14	15	16	17	18	19	20
208	89	187	167	308	57	149	184	180	144
21	22	23	24	25	26	27	28	29	30
130	94	152	224	106	190	105	111	150	106

2 digits 5 numbers p.7

1	2	3	4	5	6	7	8	9	10
125	99	145	94	220	121	137	155	62	171
11	12	13	14	15	16	17	18	19	20
99	130	124	46	247	81	125	125	255	100
21	22	23	24	25	26	27	28	29	30
350	151	146	107	122	83	143	154	359	140

2 digits 5 numbers p.8

1	2	3	4	5	6	7	8	9	10
283	119	289	99	129	233	102	57	104	235
11	12	13	14	15	16	17	18	19	20
224	135	164	280	135	284	34	117	230	98
21	22	23	24	25	26	27	28	29	30
112	275	214	268	123	142	209	281	206	161

2 digits 5 numbers p.9

1	2	3	4	5	6	7	8	9	10
296	73	98	129	244	171	335	137	173	203
11	12	13	14	15	16	17	18	19	20
98	256	171	155	320	193	185	135	55	267
21	22	23	24	25	26	27	28	29	30
169	95	55	265	49	221	156	235	157	107

2 digits 5 numbers p.10

1	2	3	4	5	6	7	8	9	10
229	90	272	173	317	313	125	251	130	142
11	12	13	14	15	16	17	18	19	20
270	139	82	290	77	109	276	28	298	127
21	22	23	24	25	26	27	28	29	30
94	250	112	253	160	103	237	201	301	123

2 digits 5 numbers p.11

1	2	3	4	5	6	7	8	9	10
241	301	274	255	379	111	146	305	142	341
11	12	13	14	15	16	17	18	19	20
87	238	30	211	120	99	222	123	83	113
21	22	23	24	25	26	27	28	29	30
108	237	283	118	106	130	263	105	86	180

2 digits 5 numbers p.12

1	2	3	4	5	6	7	8	9	10
54	58	172	127	283	166	109	221	271	206
11	12	13	14	15	16	17	18	19	20
269	138	198	111	173	250	207	101	124	147
21	22	23	24	25	26	27	28	29	30
92	150	84	232	155	256	239	122	152	94

2 digits 5 numbers p.13

1	2	3	4	5	6	7	8	9	10
223	119	243	92	201	76	141	96	116	73
11	12	13	14	15	16	17	18	19	20
203	162	178	138	162	153	74	79	94	147
21	22	23	24	25	26	27	28	29	30
146	109	180	143	275	150	63	332	179	180

2 digits 5 numbers p.14

1	2	3	4	5	6	7	8	9	10
239	219	128	205	80	207	-26	159	268	179
11	12	13	14	15	16	17	18	19	20
121	100	121	208	130	91	112	172	166	140
21	22	23	24	25	26	27	28	29	30
73	108	112	70	130	264	172	105	230	61

2 digits 5 numbers p.15

1	2	3	4	5	6	7	8	9	10
258	216	70	188	176	154	100	209	125	123
11	12	13	14	15	16	17	18	19	20
153	214	156	140	208	115	243	123	109	155
21	22	23	24	25	26	27	28	29	30
145	166	114	235	126	289	97	102	242	171

2 digits 5 numbers p.16

1	2	3	4	5	6	7	8	9	10
196	191	137	221	218	142	157	124	192	139
11	12	13	14	15	16	17	18	19	20
219	219	177	217	142	161	138	272	113	56
21	22	23	24	25	26	27	28	29	30
181	151	225	194	139	148	101	66	197	161

2 digits 5 numbers p.17

1	2	3	4	5	6	7	8	9	10
109	205	144	124	219	145	189	190	43	225
11	12	13	14	15	16	17	18	19	20
216	211	190	167	163	100	211	237	97	166
21	22	23	24	25	26	27	28	29	30
288	131	218	148	129	116	287	201	68	103

2 digits 6 number p.18

1	2	3	4	5	6	7	8	9	10
282	201	170	197	269	142	179	268	204	226
11	12	13	14	15	16	17	18	19	20
385	164	270	227	134	210	200	289	301	241
21	22	23	24	25	26	27	28	29	30
180	274	203	205	229	205	250	163	222	320

2 digits 6 number p.19

1	2	3	4	5	6	7	8	9	10
302	182	218	215	227	199	174	236	217	232
11	12	13	14	15	16	17	18	19	20
367	335	189	245	183	215	262	263	157	128
21	22	23	24	25	26	27	28	29	30
142	148	152	391	328	235	203	265	272	354

2 digits 6 number p.20

1	2	3	4	5	6	7	8	9	10
269	239	236	206	143	325	280	131	123	185
11	12	13	14	15	16	17	18	19	20
221	266	254	294	220	151	186	116	167	246
21	22	23	24	25	26	27	28	29	30
195	208	234	238	170	208	160	166	258	230

2 digits 6 number p.21

1	2	3	4	5	6	7	8	9	10
194	257	87	261	225	115	169	178	302	329
11	12	13	14	15	16	17	18	19	20
233	272	173	138	191	173	194	300	152	163
21	22	23	24	25	26	27	28	29	30
260	89	150	166	245	160	219	210	160	205

2 digits 6 number p.22

1	2	3	4	5	6	7	8	9	10
277	296	204	271	301	251	200	214	232	262
11	12	13	14	15	16	17	18	19	20
195	247	178	160	162	149	166	142	203	207
21	22	23	24	25	26	27	28	29	30
167	94	154	395	190	160	188	181	151	252

2 digits 6 number p.23

1	2	3	4	5	6	7	8	9	10
183	184	235	179	209	190	270	169	148	194
11	12	13	14	15	16	17	18	19	20
386	133	294	215	201	110	211	234	140	115
21	22	23	24	25	26	27	28	29	30
155	204	285	40	108	172	138	196	232	165

2 digits 6 number p.24

1	2	3	4	5	6	7	8	9	10
280	121	245	183	346	121	117	172	340	182
11	12	13	14	15	16	17	18	19	20
163	219	250	144	312	74	150	200	162	130
21	22	23	24	25	26	27	28	29	30
216	316	288	154	230	117	93	97	179	261

2 digits 6 number p.25

1	2	3	4	5	6	7	8	9	10
231	126	221	246	176	304	151	221	138	222
11	12	13	14	15	16	17	18	19	20
333	328	289	177	204	178	219	270	171	292
21	22	23	24	25	26	27	28	29	30
245	213	255	223	156	188	197	245	149	231

2 digits 6 number p.26

1	2	3	4	5	6	7	8	9	10
273	219	221	239	306	268	319	216	194	194
11	12	13	14	15	16	17	18	19	20
206	334	170	198	356	300	221	374	244	177
21	22	23	24	25	26	27	28	29	30
202	280	72	232	252	265	141	205	221	194

2 digits 6 number p.27

1	2	3	4	5	6	7	8	9	10
211	138	278	250	153	144	244	249	299	170
11	12	13	14	15	16	17	18	19	20
192	275	238	119	309	307	156	163	226	108
21	22	23	24	25	26	27	28	29	30
283	150	349	277	204	296	215	255	275	178

2 digits 6 number p.28

1	2	3	4	5	6	7	8	9	10
243	225	210	284	318	322	295	144	230	215
11	12	13	14	15	16	17	18	19	20
267	322	116	232	118	316	255	255	161	219
21	22	23	24	25	26	27	28	29	30
212	212	290	179	269	270	73	200	214	176

2 digits 6 number p.29

1	2	3	4	5	6	7	8	9	10
238	215	189	289	212	148	176	178	248	246
11	12	13	14	15	16	17	18	19	20
283	231	285	150	198	181	237	215	147	231
21	22	23	24	25	26	27	28	29	30
94	264	177	188	118	100	199	244	228	153

2 digits 6 number p.30

1	2	3	4	5	6	7	8	9	10
128	172	412	336	299	157	116	176	141	172
11	12	13	14	15	16	17	18	19	20
168	207	231	170	184	224	235	123	316	182
21	22	23	24	25	26	27	28	29	30
356	271	205	250	292	278	88	133	218	260

2 digits 6 number p.31

1	2	3	4	5	6	7	8	9	10
234	254	151	249	202	407	179	202	156	210
11	12	13	14	15	16	17	18	19	20
198	228	213	215	324	208	249	158	254	207
21	22	23	24	25	26	27	28	29	30
219	277	300	230	197	355	350	234	135	221

2 digits 6 number p.32

1	2	3	4	5	6	7	8	9	10
175	195	295	207	199	221	121	203	182	262
11	12	13	14	15	16	17	18	19	20
348	177	187	115	208	273	264	286	79	152
21	22	23	24	25	26	27	28	29	30
55	295	162	178	179	180	210	145	233	210

2 digits 7 numbers p.33

1	2	3	4	5	6	7	8	9	10
162	214	265	236	230	232	182	273	195	196
11	12	13	14	15	16	17	18	19	20
292	153	171	175	200	313	206	242	302	297
21	22	23	24	25	26	27	28	29	30
166	181	338	162	406	336	170	216	152	70

2 digits 7 numbers p.34

1	2	3	4	5	6	7	8	9	10
211	252	210	142	106	267	146	269	221	123
11	12	13	14	15	16	17	18	19	20
300	225	372	301	215	201	207	255	121	191
21	22	23	24	25	26	27	28	29	30
236	149	226	127	167	246	231	180	57	102

2 digits 7 numbers p.35

1	2	3	4	5	6	7	8	9	10
137	264	221	169	179	203	143	129	125	122
11	12	13	14	15	16	17	18	19	20
160	184	133	110	170	118	179	140	144	203
21	22	23	24	25	26	27	28	29	30
224	130	80	131	95	162	185	221	126	201

2 digits 7 numbers p.36

1	2	3	4	5	6	7	8	9	10
120	139	214	194	185	153	227	200	144	168
11	12	13	14	15	16	17	18	19	20
170	356	100	171	181	293	297	340	175	155
21	22	23	24	25	26	27	28	29	30
355	268	286	155	262	238	169	205	253	137

2 digits 7 numbers p.37

1	2	3	4	5	6	7	8	9	10
220	238	280	196	189	147	269	246	223	141
11	12	13	14	15	16	17	18	19	20
209	126	148	200	157	238	169	124	280	237
21	22	23	24	25	26	27	28	29	30
170	257	173	187	212	240	200	166	237	249

2 digits 7 numbers p.38

1	2	3	4	5	6	7	8	9	10
224	226	173	141	200	105	160	291	390	183
11	12	13	14	15	16	17	18	19	20
213	260	76	216	245	255	249	182	193	270
21	22	23	24	25	26	27	28	29	30
220	193	283	230	194	239	177	122	259	268

2 digits 7 numbers p.39

1	2	3	4	5	6	7	8	9	10
209	265	295	172	266	213	219	119	161	204
11	12	13	14	15	16	17	18	19	20
146	152	325	192	149	269	215	243	158	255
21	22	23	24	25	26	27	28	29	30
172	237	149	343	109	194	222	198	399	199

2 digits 7 numbers p.40

1	2	3	4	5	6	7	8	9	10
299	269	227	204	198	109	240	220	151	249
11	12	13	14	15	16	17	18	19	20
179	318	155	195	335	219	194	97	171	373
21	22	23	24	25	26	27	28	29	30
303	314	203	193	236	231	218	272	157	159

2 digits 7 numbers p.41

1	2	3	4	5	6	7	8	9	10
357	143	207	201	204	103	249	241	225	198
11	12	13	14	15	16	17	18	19	20
141	330	279	337	264	203	232	266	181	194
21	22	23	24	25	26	27	28	29	30
296	321	281	224	221	326	207	332	214	233

2 digits 7 numbers p.42

1	2	3	4	5	6	7	8	9	10
239	361	184	203	202	337	149	272	292	154
11	12	13	14	15	16	17	18	19	20
291	175	271	412	287	252	221	229	199	133
21	22	23	24	25	26	27	28	29	30
241	175	187	228	209	221	213	281	261	200

2 digits 7 numbers p.43

1	2	3	4	5	6	7	8	9	10
248	179	262	162	183	251	209	227	355	315
11	12	13	14	15	16	17	18	19	20
272	75	196	345	256	221	290	157	212	192
21	22	23	24	25	26	27	28	29	30
200	370	288	229	324	321	178	235	215	161

2 digits 7 numbers p.44

1	2	3	4	5	6	7	8	9	10
185	183	259	230	193	260	203	185	201	244
11	12	13	14	15	16	17	18	19	20
146	266	280	175	289	296	326	228	421	170
21	22	23	24	25	26	27	28	29	30
176	226	249	265	260	128	215	210	270	171

2 digits 7 numbers p.45

1	2	3	4	5	6	7	8	9	10
382	440	227	414	277	213	403	267	228	338
11	12	13	14	15	16	17	18	19	20
284	281	204	289	279	360	337	187	254	259
21	22	23	24	25	26	27	28	29	30
207	432	269	308	237	277	282	358	261	307

2 digits 7 numbers p.46

1	2	3	4	5	6	7	8	9	10
329	318	225	280	367	210	289	362	280	294
11	12	13	14	15	16	17	18	19	20
307	346	324	354	328	266	331	339	244	252
21	22	23	24	25	26	27	28	29	30
277	282	267	318	208	364	271	271	297	356

www.ingramcontent.com/pod-product-compliance
Lightning Source LLC
Chambersburg PA
CBHW081330040426
42453CB00013B/2360